时尚休闲风格搭配

Saeko 的手绘时尚笔记

[日] 粟野冴子◎著　　朱佳媛◎译

中国纺织出版社有限公司

原文书名：カジュアルは楽しい！
原作者名：あわの さえこ
KAJUARU HA TANOSHII!
©Saeko Awano 2018
First published in Japan in 2018 by KADOKAWA CORPORATION, Tokyo. Simplified Chinese translation rights arranged with KADOKAWA CORPORATION, Tokyo through Shinwon Agency Co., Seoul.

本书中文简体版经 KADOKAWA CORPORATION 授权，由中国纺织出版社有限公司独家出版发行。本书内容未经出版者书面许可，不得以任何方式或任何手段复制、转载或刊登。

著作权合同登记号：图字：01-2019-7079

图书在版编目（CIP）数据

时尚休闲穿搭术：Saeko 的手绘时尚笔记 /（日）粟野冴子著；朱佳媛译 .-- 北京：中国纺织出版社有限公司，2020.7

ISBN 978-7-5180-7481-5

Ⅰ . ①时…　Ⅱ . ①粟…②朱…　Ⅲ . ①服饰美学—通俗读物　Ⅳ . ① TS941.11-49

中国版本图书馆 CIP 数据核字（2020）第 092717 号

责任编辑：朱冠霖　　责任校对：王花妮　　责任印制：何　建

中国纺织出版社有限公司出版发行
地址：北京市朝阳区百子湾东里 A407 号楼　邮政编码：100124
销售电话：010 — 67004422　传真：010 — 87155801
http：//www.c-textilep.com
中国纺织出版社天猫旗舰店
官方微博 http：//weibo.com/2119887771
北京华联印刷有限公司印刷　各地新华书店经销
2020 年 7 月第 1 版第 1 次印刷
开本：880×1230　1/32　印张：3.5
字数：50 千字　定价：49.80 元

凡购本书，如有缺页、倒页、脱页，由本社图书营销中心调换

PROLOGUE

前　言

　　大家好，我是 Awano Saeko。一直以来，我都很喜欢时尚穿搭，每天都会思考如何搭配服装。当我在街上、杂志上看到漂亮的搭配时，总是会将其画成具有自己风格的时尚穿搭插画上传到 Instagram 上。许多关注者都觉得这些搭配"很容易模仿"，给他们的日常服饰搭配带来了很大的帮助，这对我来说也是很大的鼓励。

　　我所绘制的时尚穿搭插画，主要是简约、经典、百搭的休闲穿搭。我自己的衣柜里也基本都是这一类的衣服。休闲服饰有着简洁大方、成熟稳重、让人有安全感等特点，无论是什么风格都能很好地搭配出来！正因如此，休闲服饰让我们每天的穿着变得多元化起来，同时也会更期待进行新一天的搭配。无论如何，不管是谁都能毫不费力地驾驭，这就是休闲服装最大的魅力。

　　本书中为大家呈现的休闲穿搭，是我从绘制的插画中精选出的百搭单品，从基础款到流行款应有尽有。除此以外，我将穿搭按照春、夏、秋、冬四季进行了分类，供大家参考，共计130款。在此希望大家每天的穿搭都变得越来越有趣哦！

CONTEN

Chapter >>> 1

SPRING 春季

COLUMN专栏

Chapter >>> 2

SUMMER 夏季

Chapter >>> 3

AUTUMN 秋季

COLUMN专栏

不同场合的基础款百变穿搭

Chapter >>> 4

WINTER 冬季

设计：橘田浩志（attik）采访：前田亚希子（comete）
DTP：アーティザンカンパニー 校对：麦秋アートセンター
* 本书中出现的各品牌单品皆为绘制插图时参考的单品。
部分商品目前可能已经无法购买，敬请见谅。

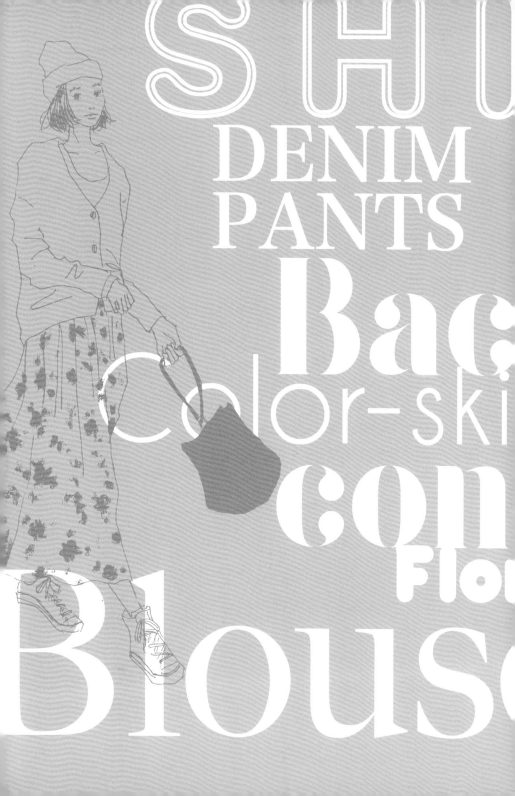

Chapter >>> 1

春季
SPRING

　　春天的到来，让人们纷纷脱下厚重的大衣，摆脱洋葱一样层层叠叠的穿搭。春日的氛围，令人心情愉悦，想要将色彩柔和、裁剪飘逸的单品穿在身上。把外套或开衫披在肩上，选择能够露出脚踝的九分裤和浅口单鞋，春天是可以享受慢慢露出肌肤的季节。

　　初春时节，想要在搭配中体现的元素有很多，诸如宽松的衬衫、百搭的卡其色、复古的花纹图案、充满活力的单品等。服装背部的设计是关键，一定要试试背部设计有女人味的款式。在天气暖和、不需要穿外套的日子里，可以穿着面料柔软、轻便又有设计感的上衣。在这一部分，我会介绍一些乍看之下很难驾驭的流行单品，将它们和我们手边现有的衣服轻松搭配起来。

Spring

春天是必备轻薄外套的季节。可以享受穿着红色、绿色等鲜艳色彩的开衫的乐趣。披上牛仔外套或军装夹克，展现出炫酷帅气的风格。

巴黎女子呀～ ♪

穿上浅口单鞋，双脚也轻盈了起来。在春天可以选择明亮的色彩哦

Pink tops

粉红色和春天最相配。淡粉色的上衣和牛仔裤的组合是春季的经典搭配↓

不需要穿外套的季节，可以用有设计感的上衣搭配荷叶裙，充满春天的气息↓

把丝巾当作腰带使用或者系在颈间都可以成为穿搭的亮点☝

展现出纤细的手腕和脚踝✦✦

像这样

01 | 色彩鲜艳的裙子赋予保守搭配
俏皮的时尚感

CHECK

穿上蓬松
伞裙散发
可爱魅力↓

SKIRT

鱼尾裙也
很时尚★

明亮的色彩让
心情更美丽。

暖色系的裙子适合搭配深蓝色的牛仔外套、黑色的配饰，这样一来可以达到收缩的效果。即使裙子的颜色较为突出，也不会显得过于花哨。

CHECK

色彩鲜艳的裙子和
基础色搭配就可以
很好看 👍

yellow

蓬松的上衣和裙子的这种搭配
能够使整个人变得甜美起来，选择
色彩鲜艳的裙子就能为形象带来改
变！加上高帮帆布鞋、大托特包等
配饰，提升整体的甜美感。

02 | 衬衫的百变穿法，
一件也可以很时尚

SHIRT

宽松款

宽松款的衬衫
搭配紧身裤是
春季的基础休
闲穿搭。

合体款

合体款的衬衫和
宽松裤子的搭配
也是我最喜欢的
穿搭之一 ♭

CHECK

看似难以进行搭配的大格纹衬
衫，只要和浅灰色牛仔裤搭配起来就
不会出现时尚灾难。将衬衫的下摆自
然地塞进裤腰，可以呈现出清爽感。

用九分裤打造干练的风格，工作时也可以穿！

CHECK

CHECK

衬衫搭配长及脚踝的牛仔长裙，可以营造出成熟的休闲风♥

色彩明亮的衬衫可以为整个人带来活力与朝气，无论是单穿还是外搭其他单品都很合适。若搭配带有裤线的九分裤，其纵向延伸的线条会拉长比例，使身材得到视觉上的提升。

整套的牛仔搭配让整个人看起来很时尚。配合帽子、藤编包、穆勒鞋等，统一配饰的风格，就可以营造出自己喜欢的穿搭。

03 成熟休闲风的代表军绿色单品，既可以中性风又可以有女人味

Baker Pants ★

提起军绿色的下装，立刻就会想到工装裤。现在正在流行的高腰款就很好看

CHECK

军绿色的阔腿裤也很百搭♪

WIDE PANTS

在有点凉意的日子里，可以穿上袜子，搭配浅口单鞋 ✝

高腰的工装裤有着拉长下半身比例的效果。和无领的外套以及白色的针织衫搭配起来，看上去简洁帅气。利用丝巾和浅口单鞋可以增加整套搭配的女人味。

KHAKI COLOR —

春天的到来，让人不知不觉地就想穿上军绿色的单品。轻薄的军装外套或者飞行员夹克都是春季的必备单品 ❦

CHECK

和牛仔裤也很搭 🖐

帅气风的军装外套和连衣裙的组合十分可爱。像飞行员夹克这类军绿色单品和牛仔裤的搭配也格外出众！

04 | 看似幼稚的碎花图案，
减少颜色的数量也可以呈现复古风

把轻盈飘逸的长衬衫当做外套，也是一种经典穿搭 ♪

想快点穿上碎花~

冬季结束后就迫不及待想穿成这个样子 +

扭~扭~

CHECK

　　把小碎花图案的长衬衫当做外套来穿可以呈现出清爽的慵懒感。较深的底色往往会显得优雅，即使是碎花图案也不会太过甜美。内搭的单品以朴素的纯白色为佳。

FLORAL DESIGN

穿上碎花图案，心情也会变得愉快↗

不同大小的碎花图案，
所呈现的风格也不尽
相同。多添置几件碎花
服饰的话，就可以有更
多不同的穿搭变化♪

CHECK

　　纯白底色、碎花图案较为可爱
的单品，在搭配中出现一件就可以
了。例如，如果裙子是小碎花图案
的，上衣就选择素色的单品。要注
意控制整体搭配中颜色的数量，使
风格更为一致。

05 | 极简牛仔风，终极的时尚

合体裁剪的上
衣和牛仔裤组
合而成的极简
穿搭。

在穿搭中加入
俏皮的小配饰，
能够很好地提
升时尚感。

搭配华丽的
包袋或者帆
布鞋都可以
很可爱！

CHECK

DENIM STYLE

十分有存在感的水洗牛仔
裤，搭配贴身的黑色针织衫，
非常帅气。鞋子选择简约素雅
的白色浅口单鞋就会很好看。

有设计感的上衣
与牛仔裤的组合

\ Design tops + Denim /

在袖子或下摆部分有设计感的上衣
十分吸睛，将牛仔裤与之搭配，立
刻就能呈现出华丽的牛仔风格

牛仔阔腿裤很适合与灯笼袖
上衣搭配。用奢华的首饰、简约
的包袋和鞋子，打造出凸显衣服
廓型的搭配。

CHECK

06 | 白色&藏青色，
显瘦的对比配色

藏青色的螺纹卫衣和白
色的荷叶裙

CHECK

用粉红色的双
肩包来提亮

搭配的主色调
十分简单，因此
可以根据喜好
增加提亮色

纯净的白色给人以明亮开朗的
印象。用藏青色的上衣搭配白色的
荷叶裙，可以减轻裙子的膨胀感。
再配上颜色靓丽的小物，一套简
约、时尚又显瘦的搭配就完成了。

白色的上衣搭配
藏青色休闲裤♪

鞋子则选择及踝
短靴，简约干练
的休闲穿搭就完
成了。

亮蓝色的围巾是
点睛之笔

Bootee

White × Navy

对于宽松板型的白色上衣来说，
紧身的下装是不错的选择。紧身裤装
可能会容易暴露一些身材的缺点，但
如果是藏青色的话就可以较好地修饰
身材。此外，搭配及踝短靴，将脚踝
露出来，也有着拉长腿部比例的效果。

07 | 不经意间流露时尚感的背影，
轮到背部设计上衣大显身手了

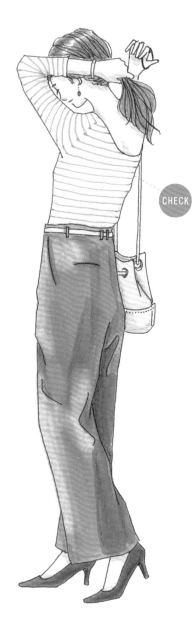

CHECK

BACK CONSCIOUS

将露背设计或是背部装饰有蝴蝶结的上衣，作为春天的主打款也是非常可爱的

女性的背影往往会受到很多关注。如果穿着背部富有设计感的上衣，就会显得很时尚。卡其色休闲裤、黑色下装等单品，都是衬托上衣的经典搭配。

难得穿上背部富有设计感的上衣，别让头发遮住了小心思。将长发盘起，清爽地露出颈部，魅力加倍♡

就像这样

要好好护理背部，保持肌肤嫩滑哦。

CHECK

每到春天就会想到色彩缤纷的针织衫，选择背部有设计感的单品也许会给你带来新的体验。与藤编包或单肩包等配饰搭配，也是很适合假日出行的穿搭。

专栏

充满趣味的时尚包袋

Basket Bag

随着步伐摆动的毛球，让藤编包变得分外可爱，拿在手上心情就会格外明朗 ♥

星星图案让藤编包为夏日的简约穿搭增添了一丝趣味 👆

[藤编包]

通常人们有着藤编包只适合夏天背的印象，但实际上它是广泛活跃在一年四季穿搭中的单品。不同的材料、不同的编织方法，都能创造出不同的风格。这么可爱的藤编包，谁不想拥有几个呢。

抢眼的丝巾图案单肩包，是穿搭中的亮点！

Shoulder Bag

毛绒绒的皮草肩带，可以将手臂衬托得更加纤细 ★

[单肩包]

单肩包有着引人注目的亮点、做工精致的细节。丝巾图案、皮草元素等设计的运用或许有些强烈，但较小的尺寸也能够使其易于搭配。

当穿搭比较简约休闲时，可以通过图案鲜明、造型精致的个性包袋来增添趣味。同时，在选择时也要考虑到包包本身的流行性、质感和季节性。本专栏内容包含了从日常通勤使用的托特包到假日使用的单肩包，来为大家在包袋的选择上提供一些小灵感。

Tote Bag

[托特包]

托特包容量大、设计简约，是功能性No.1的包袋。从皮革款、帆布休闲款到有装饰的款式，托特包的种类丰富，同时也十分百搭。

荷叶边的手提带、铆钉装饰，都为看似简约的托特包增添了亮点 ✦✧

Clutch Bag

[手拿包]

华丽的造型与装饰赋予了手拿包强烈的存在感。推荐将手拿包作为饰品，搭配简约朴素的服装。

流苏元素的手拿包可以为休闲穿搭增添成熟感 ♥

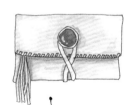

装饰有镶嵌着大颗宝石的金属扣，皮质的手拿包格外帅气!

Chapter >>> **2**

夏季
SUMMER

BUSTIE

GAUCH

PANTS

Black

酷暑来临，气温飙升，身上的衣服也穿得越来越少。可选择的服装搭配基本上变成了一件连衣裙或是上衣和下装的组合。由于炎热的天气，夏天不宜进行叠穿，因此更应该在每件单品的选择上多花些心思。宽松的七分裤与基础款T恤搭配能够营造出通风透气、简约干练的造型，有设计感的马夹、色彩缤纷的刺绣单品、无论是在度假还是日常生活中都适用的连衣裙、黑白色系的简约休闲装等……夏日的服装造型各式各样。在这一部分，我试着挑选出了几套充满夏日感又丰富多变的搭配推荐给大家，同时也会根据假日、雨天等特殊场景介绍一些实用的穿搭方式。

另外，选择使用棉麻等舒适亲肤面料的服饰、露出在其他季节无法展示的美丽肌肤、将略带夸张的饰品或帽子作为点缀、穿凉鞋时露出精心护理的漂亮脚指甲，这些细节之处的时尚感也是只属于夏日的乐趣！

EMBR
OIDER
ED CL
OTHES

Summer fashion imagination

Hot!

Summer

夏日深色单品的
搭配也很棒♦

一字肩上衣搭配牛仔九分裤↙
出门时露出肌肤的比例
在搭配中也是很重要的☺

T恤和马夹
的搭配也很
时尚👜

在穿凉鞋的季节，
脚趾的美甲也可以
成为亮点，各种各
样的颜色都让人想
尝试一下呢↙

Marine Cap

Border

Dress Style ♥

炎热的夏日，穿上透气通
风的连衣裙。

选择亚麻或薄棉
面料的连衣裙会
更加凉爽透气★

海军风

海军风穿搭是夏日
的经典造型。
三色旗元素的穿搭也
是我很喜欢的↰

08 | 漂亮自然又百搭的阔腿裤

Gaucho pants

在阔腿裤刚刚开始流行的时候，我觉得它看起来并不怎么样，然而现在阔腿裤已经变成我常穿的经典单品了♥

以前阔腿裤被叫做裙裤

夏天穿真的很凉快
Good!

CHECK

藏青色的阔腿裤搭配条纹上衣可以营造出海军风，瓶口领的T恤更是现在的流行单品！配饰选择红色迷你链条包和尖头单鞋，满满的清新淑女风。

选择简
约利落
的单品♥

搭配帽子、高跟鞋
等充满成熟感的配
饰，打造简约干练
的阔腿裤造型

长发披
肩，自然
又随意↓

选择轻
松休闲
的配饰

选择星星图案的单
肩包、厚底凉鞋，
打造休闲的七分
阔腿裤造型，是
整体搭配都很宽
松的休闲装扮★

CHECK

CHECK

夏天让人
享受脚部
美甲！

要想在造型中突出夏日气息，则需
要选择米色、白色等明亮颜色且面料柔
软的衣服。上衣选择高饱和度的墨绿色，
搭配华丽的细带高跟鞋，满满的成熟感。

要想穿得自然休闲又有着优雅的时
尚感，可以选择款式宽松的卡其色阔腿
裤和白色罩衫。将上衣前身的下摆扎进
裤腰拉长比例，自然又大方，再配上黑
色厚底凉鞋就是很完美的搭配了。

09 | 以方便活动为前提，
成熟又放松的休闲风格

哈～

BBQ STYLE

遇到美味的食物，
总是会忍不住多吃
一点，好饱呀!

这种时候，
宽松的背带
裤就可以遮
住小肚子👍

好撑
呀—

鼓
鼓
的

CHECK

　　方便活动的背带裤非常适合
BBQ的季节。如果担心风格过于休
闲，搭配面料柔软、有垂坠感的米色
系外套，也可以显得高雅又有气质。

度假时最适合大胆露出肌肤👆

针织材质的长款吊带上衣搭配长裤，充满了成熟感♥

CHECK

背露出衣上就很美☆

高腰款的短裤不会过于男孩子气，反而很有气质♪

CHECK

如果不喜欢露出双腿，可以搭配长度到膝盖以下的长衬衫，可爱又防晒♥

这样的话就更容易接受啦……

有弹性又方便活动的针织吊带上衣是在休闲穿搭中非常活跃的单品。选择同样面料的长裤搭配成套，感觉更有气质了。披上轻盈的外搭更能加分。

蕾丝无袖上衣和军绿色高腰短裤的组合，大胆露出肌肤的同时也十分清新！露背设计是一大亮点。搭配高帮帆布鞋，活泼又可爱。

10 | 雨天的时尚，配合雨具的漂亮穿搭

Rain Goods

富尔顿（FULTON）的透明鸟笼伞是高颜值的挡雨利器

下雨天使用喜欢的雨具，心情也会变美好 ↑ up

在下大雨的日子里，还是选择雨衣比较安心 ◎

CHECK

下雨天穿着鲜艳的红色上衣，外表和心情都会明朗起来！如果需要穿长筒雨靴的话，搭配紧身长裤就能提升身材比例，显得更加时尚。

Umbrella

不用多说，雨伞一定是雨天的主角！作为搭配的重点，选择图案颜色有亮点的雨伞也可以增添搭配的时尚感。👍 good♪

雨天时发型容易受到湿气的影响，最好可以扎起来。

人字拖就算被打湿也完全OK！是潮湿又闷热的下雨天的必备单品

CHECK

CHECK

在毛毛细雨的天气里，推荐穿轻便的人字拖。重点是搭配清爽的纯色T恤连衣裙，通过雨伞以及系在包上的丝巾进行点缀。

短筒雨靴适合与裙子搭配。稳固的厚底能够增添造型的休闲感，和各种长度的裙子搭配都可以很有型。

11 | 帅气又时尚，
不输给缤纷色彩的黑白风穿搭

上下身裁剪都宽松的风格也很赞

夏日里极简的黑白色系穿搭看起来格外的帅气。黑色背带裤展现着女孩子的帅气随性。宽松的吊带上衣搭配白色牛仔裤也非常时尚。

我悄悄地把它们叫作"熊猫穿搭"。

你好

CHECK

连体背带裤能够塑造出I字型线条，整体风格很漂亮。内搭选择白色，张弛有度。把色彩鲜艳的丝巾系在头上，高级时尚的穿搭就完成了！

颜色反过来
也很可爱

条纹T恤搭
配黑色紧身
裤也很好看!

蕾丝半裙既
适合简约干
练的造型,
又适合休闲
风格的搭配,
十分百搭✧

CHECK

CHECK

白+黑

白衬衫和黑裤
子是黑白风穿
搭的经典造型。
帅气又时尚 ♡

无袖条纹连衣裙除了单穿之外,
还可以搭配裤装。穿上金属光泽的
银色平底凉鞋,整体造型就不会过
于随意。黑色的报童帽也是亮点。

漂亮又有透气感的白色蕾丝半
裙和男友风的黑色T恤的混搭造型。
一边用帆布背包营造休闲感,一边
用黑色亮皮凉鞋增添成熟的女人味。

12 在基础款上衣外多穿一件背心，造型层次更丰富

= Bustier

+

误？在 T 恤的外面穿背心？
不是吧……
虽然我曾经这样想过，但
是现在却经常这样穿，真
是不好意思呀！
T 恤加背心的搭配几乎成为
了我生活中的基础穿搭

可爱♥

假两件式
的 T 恤也
很方便
搭配♪

如果是第一次尝试这样的
搭配，推荐选择白色的 T 恤。
背心的颜色也要选择灰色、藏
青色、茶色等经典的颜色，这
样比较不容易出错。

CHECK

背心和裤装颜色相同的话，整体造型会更干净利落♥

CHECK

背部设计好可爱。背心也可以有露背设计哦♀

搭配高跟鞋，很适合作为通勤穿搭♪

网兜托特包，提升搭配的季节感！

如果想将背心穿出优雅感，推荐上衣和下装统一色调。搭配华丽的小饰品，约会和聚餐都很适合。

试试露背设计的背心吧，一件就能定胜负！在上半身存在感比较强的情况下，裤子或是配饰就选择基础款的休闲单品吧。

13 | 吸睛的刺绣单品，
展现高雅的复古感

刺绣往往给人
较为强烈的印
象，所以与之搭
配的单品尚单一
些比较好。

刺绣元素
作为点缀。

CHECK

提升时尚感！

说到刺绣元素的衣
服，我最先想到的
就是有刺绣图案的
横须贺夹克。
记得它在以前是很
流行的……流行真
的是个轮回呢！

我以前还
穿过DC的
横须贺夹
克哦！

这套搭配的主角刺绣吊带衫，
用色大胆又有女人味。为了突出
色彩缤纷的刺绣，下身就选择与
上衣底色同色系的阔腿裤。

飘逸的刺绣连衣裙很适合与牛仔搭配 ♥

CHECK

CHECK

像这样

穿着自然休闲的连衣裙时，推荐选择轻盈的平底凉鞋，清新感十足♪

铅笔裤

宽松的上衣搭配贴身的下装，可以均衡整体比例 ♥

漂亮的大地色系连衣裙，清新自然又带有异国风情。搭配藤编包、T字凉鞋、金色手镯等散发着热带气息的配饰，可以统一整体造型的风格。

宽松的A字型上衣搭配铅笔裤，可以在视觉上拉长腿部比例。搭配宽檐帽、流苏包等配饰，既复古又有民族风情。

14 | 休闲款的连衣裙，
颜色漂亮的话也可以呈现华丽感

CHECK

DRESS STYLE

热得快要融化掉
的炎夏，有时只想
穿上舒适的休闲款
连衣裙，通风又
凉快
选择亚麻
或是薄棉面
料效果更棒 👍

太热啦!

扇~扇~

哗啦~

　　没有收腰设计的宽松休闲连
衣裙，如果是芥黄色的话也会显
得很高雅。推荐选择深米色、有
蝴蝶结腰带装饰等充满成熟感色
彩或设计的连衣裙。

浅色系的连衣裙让人倍感清新♥

裁剪简单的连衣裙搭配可爱的藤编包，营造慵懒自然的感觉♪

CHECK

腕部个性强烈的手环是搭配的重点✔

CHECK

衬衫款连衣裙的大胆开领，给人慵懒又随性的感觉。盘一个丸子头，会显得更加清爽。淡雅清新的粉蓝色连衣裙，推荐使用深蓝色的饰品进行点缀。

度假风的长款吊带连衣裙，薰衣草紫的配色给人一种成熟高雅的甜美感。白色的草帽和编织包也增添了假日的氛围。

专栏 鞋子是时尚的关键

[浅口单鞋]

平底或低跟的单鞋轻便又好走，一双鞋就能给人一种复古淑女的感觉，极具魅力。根据不同季节的流行趋势，单鞋的材质和颜色也会不同，一定要试试看！

Ballet Flats

金属光泽的单鞋给人酷酷的印象♪

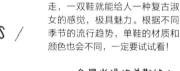

装饰有毛球的秋冬款单鞋，可以成为搭配的亮点 ♥

Sandals

装饰有大颗亮钻的凉拖，干练又富有时尚感★

粉色牛仔布料搭配花瓣褶裥造型，提升女人味！

[凉拖]

凉拖不仅适合与各种下装搭配，穿起来也十分方便。使用无论什么季节都让人想要穿着的材料，点缀宝石、荷叶边等元素，精致讲究的设计让造型变得丰富多彩。

为休闲搭配选择一双鞋吧。作为不可或缺的一种单品，不同的鞋子可以通过露出脚趾展现女性魅力、通过鞋跟高度让形象大不相同……说它能够左右整体搭配风格也不为过。本专栏将介绍五种易于搭配的鞋子类型。

[帆布鞋]

Sneakers

想要从成熟风的造型中跳脱出来，必不可少的就是休闲风的帆布鞋。Converse 就是其中的一款基本单品！可以选择芥黄色、粉红色等，经典配色以外的颜色，也可以引人注目。

当穿着为单色系的休闲搭配时，芥黄色的高帮帆布鞋可以为整体搭配画龙点睛👍

Dress Shoes

白色和银色的搭配，仅仅在配色方面就可以提升时尚感哦！

[皮鞋]

皮鞋可以提升简约休闲造型的时尚感。尽管可能有一点点贵，我还是建议购买具有潮流感的款式！

Short Boots

酒红色的V口短靴，呈现简约干练的成熟造型💜

[短靴]

短靴能让腿部显得更加修长，搭配及膝的裙子或是及踝的裤子都十分合适。

Saeko's

必买单品

[**UNIQLO**]
优衣库

Outer wear

外套	
色彩	★★
材质	★★★
舒适度	★★★

羽绒服、切斯特大衣、风
衣外套等。
除了基础款之外，还可以
购入时下流行的款式，真
是太棒啦!

Jeans

紧身铅笔裤、男友风直筒
裤等。
优衣库推出了十分丰富的
牛仔裤系列，有着良好的
弹性，穿着舒适。遇到了
喜欢的款式就会想把所有
颜色买下来 ♥

牛仔裤	
色彩	★★★
弹性	★★★
剪裁	★★

白衬衫或条纹衬
衫和牛仔裤是绝
配，我最喜欢这
样穿搭!

从基础款到流行款，都可以用平价实惠的价格买到，这就是快时尚品牌的魅力。快时尚服装有着丰富的款式、颜色、尺寸，在换季或想要添置衣物时是必不可少的存在。目前在全世界，已经兴起了多家引起热议的快时尚品牌，在它们中我挑选了喜爱的UNIQLO、MUJI、Zara、H&M来介绍。

每天都想穿的日常休闲时尚单品

优衣库的单品有着恰到好处的时尚感，易于搭配！自主研发的HEATTECH系列自发热内衣、轻型羽绒服等都广受欢迎。

Knit

色彩丰富、
种类繁多！

针织衫	
色彩	★★★
材质	★★
舒适度	★★★

V领针织衫、高领针织衫、开衫等。

让人放心的基础款，基本不会在搭配中出错 ♡

能用这么亲民的价格买到100%羊毛的针织衫，真的是太开心了！

与同样材质的
半袖针织衫配
成一套，利落
又时尚♪

MUJI

無印良品

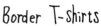

Border T-shirts

选购条纹上衣时建议选择基础色。同时也有多种不同粗细的条纹可供挑选 ♥

条纹上衣	
色彩	★★
材质	★★★
舒适度	★★★

白色衬衫搭配修身西装裤，可以营造出帅气干练的风格哦！

Shirts

不管拥有几件都不嫌多的白衬衫和格纹衬衫，是绝对实用的优秀单品 👍

衬衫	
色彩	★★
材质	★★★
剪裁	★★★

想要收入我的衣橱，质感好且百穿不腻的单品

不被潮流所左右的基础款，是无印良品的特色。这些单品通常使用天然面料，有着宽松的裁剪，讲究质感与舒适度，让人能够常年穿着使用。

Hooded sweatshirts

帽衫是休闲搭配的主角，购入几件基础色的帽衫就可以很轻松地进行搭配了。

帽衫	
材质	★★★
弹性	★★★
剪裁	★★

帽衫、荷叶裙和帆布鞋的休闲搭配意外的合适。
Good!

Skirt

及膝包臀裙、荷叶裙等。
能搭配各种上衣的基础款半裙真的很实用呢♪

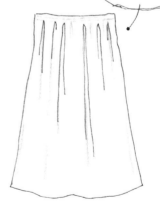

半裙	
色彩	★★
材质	★★★
剪裁	★★★

ZARA

飒拉

极富设计感的主角级配饰单品

ZARA是源自西班牙的品牌，其流行时髦的单品广受大众喜爱。在其繁多的品类中，最不能错过的就是能够作为穿搭重点的、充满当季流行细节的配饰！

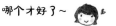

Shoes & Bag

从基础款到流行款种类丰富
多彩！
每种都好想要，不知道要选
哪个才好了~

很想尝试乐福鞋踩
脚穿法搭配牛仔裤
和粗针毛衣

鞋子&包袋	
色彩	★★★
材质	★★
设计	★★★

H&M

海恩斯 · 莫里斯

摆脱古板常规，真实的服装宝库

H&M单品的设计性十分出色，拥有能将我们手头的衣服焕然一新的搭配能力。同时，其色彩种类丰富，从流行色到基础色都是H&M的特长。

Clothes

充满流行感的上衣和下装，价格也都非常实惠。如果是人气单品的话，马上就会被扫荡一空，所以要多多关注上新才行！

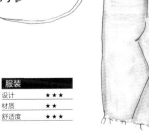

这类具有着独特衣袖设计感的上衣，搭配简单的下装就可以很时尚了💕

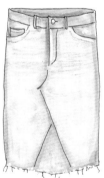

服装	
设计	★★★
材质	★★
舒适度	★★★

Chapter >>> **3**

秋季
AUTUMN

秋高气爽，告别了一件上衣加一件下装就可以完成的夏季穿搭，穿搭慢慢向叠穿、增加配饰等方向转变，针织衫、夹克、长袜等单品也渐渐出现在搭配中。秋天是能够让人充分享受穿搭乐趣的季节。以散发秋日气息的格纹元素为首，服装的面料也转变为羊毛、开司米等保暖的材质，穿着的方式也丰富了起来。

在秋天，外套的穿搭往往会受到大众的喜爱。在这一部分，我将会介绍风衣、开衫的穿脱搭配，以及西装外套的各种造型。如果拥有这三类基础又简单的王道单品，再融入时下的流行元素，穿搭就能够丰富又多变。此外，像是围巾和披肩这类的配饰也是搭配的人气单品。格纹羊绒或是毛皮材质的配饰，不用说围在脖子上，单是披在肩上或是放在包包里稍露出一部分，都是穿搭的一大亮点。

Snood

CHECKED
PANTS

Autumn fashion imagination

Autumn

进入秋季，各式各样的格纹单品总会让人很心动。同时，在秋季各个品牌也会推出许多背心外套。此外，服装面料向羊毛、开司米等面料的转变，也会让人想开始尝试深色的衣服

毛皮背心、羽绒背心的休闲搭配，是秋季的经典穿搭！

毛皮元素的单品在秋日搭配中也十分活跃

秋天也很适合豹纹等动物纹样

用格纹围巾和
法兰绒衬衫来
点亮秋季穿搭

包包里隐约露
出的格纹围巾，
好可爱 ♪

拿在手里也
一样很适合

15 | 穿着效果加分120%的经典格纹裤

GLENCHECKED PANTS

CHECK

搭配Coach的复
古包和乐福鞋，
打造复古感，好
有气质

就像到了秋天想
吃秋刀鱼一样，
格纹裤也是秋日
的必备单品

食欲之秋

虽然看起来很像套装，但如果选
择带有休闲感的内搭或配饰，就可以
搭配出颇具趣味的造型。对于有Logo
的内搭单品来说，Logo如果是单色的
话，造型就不会过于休闲。

格纹裤和毛皮
外套的搭配意
外的合适，感
觉十分新鲜┿

秋季
色彩的
包包

CHECK

CHECK

搭配高领针织衫，
加上流行的配饰，
提升时尚感↗

格纹阔腿裤格子的分量较重，需要搭
配具有视觉收缩效果的黑色、灰色或是酒
红色的上衣，这样整体的比例就会比较平
衡，不会过于膨胀。鞋子可以选择高跟亮
皮的乐福鞋，营造高雅复古感。

格纹收脚九分裤搭配有分量感的
毛皮外套，可以营造出层次感。为了
衬托裤子的格纹，上衣内搭的颜色建
议选择白色或是米色等经典色。

16 | 既能修饰体型又能体现休闲感的阔腿裤

Wide Pants *

> 阔腿裤能帮我修饰身材，真是我的大救星！

合身款

虽然阔腿裤与贴身针织上衣的搭配也还不错…… 👍

↓

宽松款

但是与宽松的针织上衣搭配的话，更能提升整体的时尚感 🎶

CHECK

宽松的针织衫搭配较为中性风的阔腿裤，增添了女性的柔和感。由于是宽松×宽松剪裁的组合，将上衣前部的下摆扎进裤子里就可以使腰部清爽利落，拉长身材比例。

Long cardigan

Wide denim

很容易就会显得
过于厚重的组合

如果和尖头或是圆头的浅
口单鞋搭配，就可以营造
出足部的轻盈感，整体搭
配也会清爽起来 ♥

CHECK

直筒牛仔阔腿裤和长款开衫
的搭配，强调I字线条，提升了整
体造型感！T恤 × 牛仔裤 × 长开
衫的经典组合中，如果挑选剪裁
讲究的裤子会显得更为优雅。

17 | 散发温柔感的宽松针织衫，充满女性魅力

CHECK

Oversized

提升女性魅力的单品

用手抓着宽松针织衫
长长的袖口，说着
"诶～"的女孩子，
真的超级可爱呢

坠入爱河！

可以露出锁骨的宽松领口加上
长过手腕的袖子组成的宽松针织衫，
有着不言而喻的休闲感，极具魅力。
搭配可以衬托针织衫颜色的下装，
就能简单地营造出休闲率性的风格。

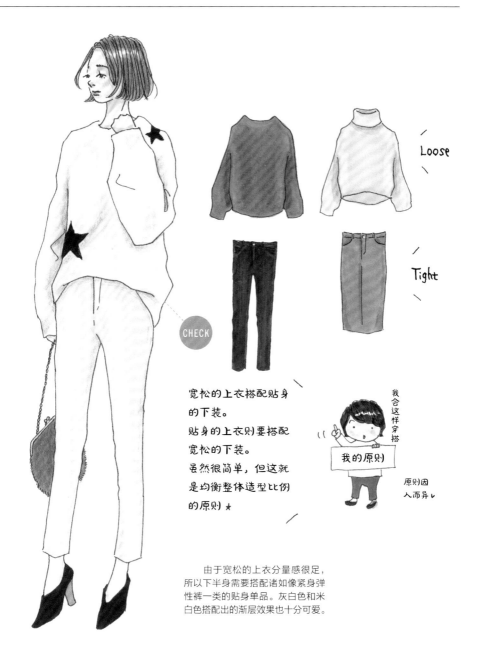

Loose

Tight

CHECK

宽松的上衣搭配贴身
的下装。
贴身的上衣则要搭配
宽松的下装。
虽然很简单，但这就
是均衡整体造型比例
的原则 ★

我会这样穿搭

我的原则

原则因
人而异↓

　　由于宽松的上衣分量感很足，
所以下半身需要搭配诸如像紧身弹
性裤一类的贴身单品。灰白色和米
白色搭配出的渐层效果也十分可爱。

原本是平凡普通
的基础搭配，要
是加上浅口单鞋
和袜子的组合的
话……

时尚感 up♥

Pumps

+

Socks

在不久之前，这种
组合还是一种时尚
禁忌……
但时尚流行早就
No more rules

禁忌

CHECK

以下摆为设计重点的衬衫式连衣
裙，很适合搭配浅口单鞋和袜子的组
合。深蓝色的毛衣恰好可以和袜子上蓝
色的条纹呼应，看起来既优雅又时尚。

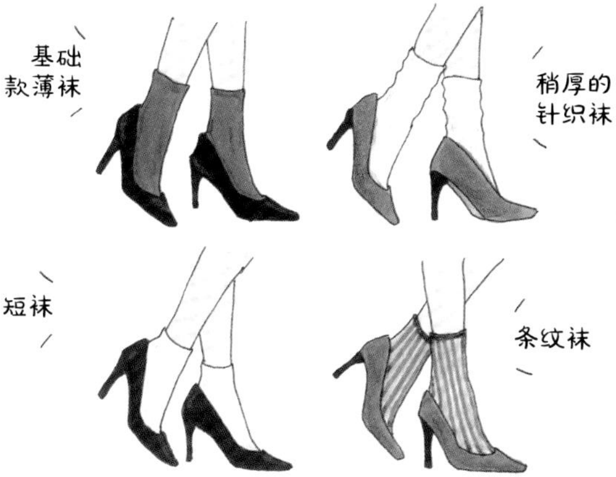

基础
款薄袜

稍厚的
针织袜

短袜

条纹袜

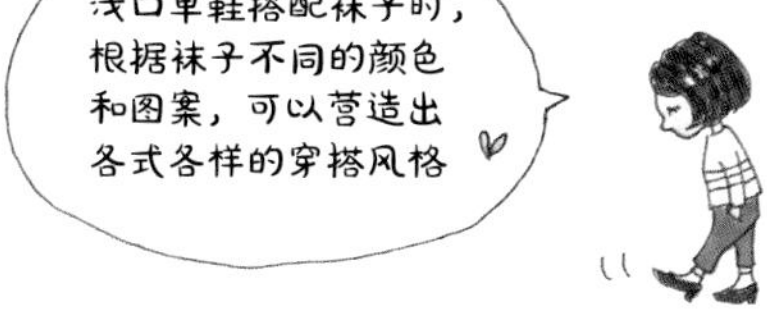

浅口单鞋搭配袜子时，
根据袜子不同的颜色
和图案，可以营造出
各式各样的穿搭风格

纯色高领上衣 × 浅灰色背心的搭配，
加上白色的袜子，可以营造出正式中带有
一些休闲感的风格。根据不同袜子和浅口
单鞋的组合，搭配的整体印象也会改变。

CHECK

19 | 既能干练又能休闲的风衣外套

TRENCH COAT

CHECK

无论是干练的风格还是休闲的风格，风衣外套一直是季节交替时最实用的优秀单品 ✦ ✦

风衣&条纹这种经久不衰的经典组合，搭配阔腿七分裤的升级版裙裤。在乍一看有些保守的搭配中，低调地引入流行感，实际上是很高级的时尚搭配。

CHECK

CASUAL STYLE

长款也很有型

风衣外套内搭
卫衣的造型也
十分可爱

　　虽然是同样的基础款单品，搭
配上风衣的话却可以营造出休闲的
巴黎风！选择贝雷帽&麻花辫的造
型，挑选轻便的毛绒乐福鞋，用配
饰营造氛围也是很重要的。

20 | 为基础搭配带来新鲜感的围巾 使用方法

CHECK

STOLE & SNOOD

围巾就是主角!
这么说也绝不过
分,因为围巾真
的是太实用了。
如果围巾本身的
颜色较为强烈,
则更可以成为整
体造型的亮点。

分量感较足的围巾,推荐选
择让肤色看起来更美的粉色或白
色。在上半身搭配皮夹克等帅气
的单品时,选择毛绒围巾打造混
搭感也是很不错的。

将宽大的围巾披
在肩上也是很不
错的造型 👆

从包包里露出的
围巾，能够散发
出秋天的气息。

CHECK

　　代替外套的大格纹披肩，可
以作为基础搭配的点缀。红色系、
绿色系、米色系等，不同的颜色
总能让人印象深刻。

21 | 工作休闲都需要的开衫外套

CARDIGAN

CHECK

脱下开衫外套，具有蓬松感的上衣也很可爱

即使是很有设计感的衬衫，如果搭配敞开的V领开衫外套，上衣的细节也不会被遮掩。选择稍微宽松一点的开衫外套，就不会有不自在的感觉。

单穿就可以很有型，十分实用的系带开衫外套 ★

CHECK

选择贴身针织内搭的话，就算脱掉开衫外套也可以很有型👆

如果穿搭主角是系带开衫外套的话，其他搭配的单品就要力求简单。选择有着较宽领口的条纹针织衫，即使是脱掉开衫外套也可以保持造型的美感。

22 | 既潇洒又时髦的西装外套搭配

JACKET

双排扣西装

Oversize的双排扣西装外套搭配牛仔裤，营造极具新鲜感的休闲风格，超有型👆

合体西装

一度非常流行的藏青色西装再次登场。虽然和牛仔裤搭配起来也不错，但是如果和贴身的直筒裙搭配则更能体现出潇洒干练的时尚感！

CHECK

浅色格纹的双排扣西装外套，特意选择了宽松的款式。推荐使用合身的内搭和下装来维持整体搭配的平衡感。

CHECK

合体的西装外套搭配贴身的直筒裙，打造工作场合也适合穿着的干练造型 ♡

金属扣藏青色组合

宽松款的西装外套搭配工装裤，散发休闲风。

CHECK

风靡20世纪90年代的金属扣藏青色西装外套，现在又重新流行了起来！如果选择贴身的款式，则可以呈现出较为复古的风格；如果选择较为宽松的款式，则可以营造出休闲的风格。

专栏

精致发型打造气质美人

齐颈短发

中分前发自然下垂的齐颈短发。利用护发油使头发呈现湿润的毛束感，打造率性的风格 ♥

[披发造型]

发梢呈现灵动俏皮、不整齐的律动感是披发造型的关键。修剪出层次、发梢不剪齐、分区不对称等，从剪发阶段就要好好传达给理发师自己想要的发型样式！

波波头

用手代替梳子，将头发抓得蓬松一些。无论是哪一种穿搭，波波头都可以很好地消化 👆

中长发

将发尾烫弯，打造柔软蓬松的波浪。这样造型的中长发，就连中性风穿搭也可以驾驭！

Down style

说是发型决定时尚也毫不为过。如果是休闲风的穿搭，推荐能够展现出女性魅力的精致发型。蓬松飘逸的发尾、束发造型的空气感等，花些心思让发型充满自然感是十分重要的。

将头顶的头发抓出蓬松感，利用绑得松松的马尾提升慵懒感！up！

用两侧的头发环绕包裹皮筋，低马尾的造型极具魅力 ♥

将脸颊两侧的发丝轻轻拉出营造慵懒感，蓬松丸子头休闲魅力无穷 ☞

[束发造型]

束发造型的诀窍是将头发蓬松地绑在一起，在头顶制造空气感。同时，如果将脸颊周围的头发如刘海、侧发等发丝拉出、垂下，就更加完美了！

FASHION ITEM

01

[V领毛衣]

V-necked Sweater

就用这件来进行百变穿搭！

基础款
想要收集各种颜色的经典针织衫

A字型款
宽松的廓型，提升女性魅力 ↗

长款
包覆臀部的长度，让人觉得好安心 ✳

恰到好处地露出肌肤，展现女性魅力的款式

　　从颈部开到胸口的V字领，让脸部线条显得很清爽，上半身看起来也很苗条，是可以百搭的实用单品。如果可以拥有一件设计简约、长度及腰的V领毛衣，无论是工作场合还是私下里，搭配牛仔裤或是很有女人味的裙子，都可以简单地营造出优雅的休闲感，令人无法错过！

简洁又干练
多亏了优秀的V领

和朋友午餐

率性随意的造型
不刻意的大方气质满分！

和闺蜜的小旅行

颈部搭配丝巾
利用领口造型带来变化

搭配牛仔裤

搭配条纹阔腿裤

V领毛衣和牛仔裤的搭配是我的最爱。这样穿好自在٧

搭配深蓝色的条纹阔腿裤，呈现利落帅气的女人味戴上帽子就可以营造优雅的气质

拼色单鞋也是搭配的亮点哦

搭配格纹长裙

酒红色系的彩色格纹，给人成熟的印象。及踝的棕色靴子和裙子十分搭配，散发出高雅的气质。

02

[条纹上衣]

Border Cut & Sewn

就用这件来进行百变穿搭！

A字型款
宽松的廓型，
十分可爱 ∨

基础款粗条纹
一度非常流行的Agnes b.
的条纹上衣，很清新！

基础款条纹
SAINT JAMES的
条纹上衣，呈现
自然感。

百搭条纹，永远的经典款

十分百搭的条纹上衣，无论是作为内搭还是单穿都很合适，根据不同的穿法可以成为造型的主角也可以成为配角。紧身裤、运动裤或是开衩针织裙……可以与之搭配的下装单品数不胜数，无论是男友风还是女人味的穿搭都可以轻松打造。根据条纹粗细、色彩的变化，也可以搭配出多变的风格。

独自去健身、上课

宽松舒适的搭配
利用条纹营造清新感

和男朋友约会

条纹上衣搭配长裙
成熟的假日风装扮

和后辈晨间活动

清爽又让人觉得很亲
切的条纹上衣

长款开衫外套
搭配休闲裤，
是适合在家附
近活动时的穿
搭。休闲又随
性的魅力令人
无法拒绝！

用彩色
手包来
亮点哦

加上一些
当季的流
行配饰

搭配黑色紧身裤
打造公开场合的
休闲造型。选择
深绿色的浅口高
跟鞋，为黑白色
系的搭配增色

搭配针织长裙
打造休闲风的裙
装造型。加上一
些流行配饰，
提升整体搭配
的时尚感 ☺

[白衬衫]

White Shirts

就用这件
来进行百
变穿搭！

基础款衬衫

一年四季都百搭
的经典款，一定
要拥有一件 ↘

敞领衬衫

宽松款的白衬衫，
下半身搭配贴身的
单品就可以很有型

无领衬衫

无领款的衬衫，
穿起来随性又
舒适♪

享受叠穿的乐趣，一年四季都百搭

　　白衬衫这一单品，无论是单穿还是搭配高领针织衫或是外套，都可以让人轻松地享受搭配的乐趣。一年四季很百搭，这也是白衬衫成为必备单品的原因。可以选择合体尺寸、男友风的宽松尺寸等，不同的尺寸所营造出的风格也是截然不同的。

| 假日的美术馆参观 | 公司内部的小组会议 | 和家人一起去购物 |

休闲放松的风格怎么
能少了白衬衫呢

知性的灰色和白衬衫
是绝妙的搭配

将白衬衫穿在针
织衫外面也很棒

将灰色高领针织衫
穿在衬衫里面，搭
配紧身裤，打造修
长的身材

IN

OUT

将灰色高领针织
衫穿在衬衫外面，
微微露出衬衫的
领子和下摆 ♡

搭配
牛仔裤

经典的极简穿搭
组合。搭配星星
图案的包包可以
为造型增添一些
趣味 ★

将丝巾系
在包包上
做装饰

04

[黑裤]

Black Pants

就用这件来进
行百变穿搭!

九分裤

通勤或休闲都适
用的百搭单品

阔腿裤

宽松舒适,
没有压力!

铅笔裤

宽松款上衣
的绝配 ♥

即使是同样的黑色，款式也可以千变万化

　　不挑上衣的百搭黑裤，多备几件不同的款式，搭配起来就会得心应手。具有不错弹性的九分裤，无论是休闲风还是成熟风的搭配都能很好的完成。容易使搭配色彩过重的黑色，如果装饰有直条纹的话就不会显得过于沉重，看起来更为清新亮丽。

和朋友一起去兜风

假日模式也用黑色九分裤
打造有层次感的造型！

搭配针织衫和
羽绒马夹

羽绒马夹搭配九分
裤，可以营造出帅
气的休闲风格 ♀

探访网红店

用黑色九分裤打造
低调的帅气风格

和上司聚餐

黑色九分裤
呈现优雅又聪慧的形象

搭配A字型
灯笼袖上衣

选择有设计感
的上衣，打造
简约又干练的
造型，上班时
穿也OK ♥

搭配高领
针织衫和
牛仔外套

暗色系的经典造
型。鞋子选择侧
边有弹性的切尔
西靴，打造帅气
的风格。

05

[白裤]

White Pants

就用这件来进
行百变穿搭!

选择宽松的
款式,通勤和
休闲风都能驾驭 (OK)

紧身牛仔裤
无论怎么搭配,白色总
能呈现出清爽感!

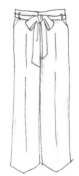

人造纤维裤
搭配浅口单鞋,打造
最适合工作的穿搭。

充满成熟感的白色裤子,瞬间提升时尚感

白色的裤子是能够瞬间使下半身成为亮点的优秀单品。利用白色裤子可以轻松
呈现成熟利落的风格,此外在冬天用来提亮整体搭配也很实用。如果想要与众不同
一些,可以选择面料舒适柔软的米白色灯芯绒裤,更具新鲜感!

带狗狗出门散步

以白色为主色调的
清爽休闲造型

搭配有Logo
的上衣 /

cake.

搭配Logo上衣，
营造轻松感。是适
合在家附近活动时
的休闲穿搭 ♥

和闺蜜一起的下午茶

选择宽松的款式
长时间坐着也很舒适

兼具方便活动和外观靓
丽两方面的优点！

搭配敞
领衬衫 /

搭配宽松款的衬
衫可以营造简约
的休闲风格。使
用丝巾代替皮带，
能够成为整体搭
配的亮点 ♥

搭配长款的宽松
外套拉长纵向线
条。外套上的印
花图案能够突显
女性魅力 ↗

Chapter >>> **4**

冬季
WINTER

一年中，衣服种类最多的季节就是冬天。光是外套就有长款大衣、毛呢大衣、羽绒服、无领大衣、毛皮大衣等各种各样的款式。同样，作为内搭的针织衫也在厚度、领型、廓型等细节上各有不同。通过外套所占整体造型的比例、内搭上衣和下装的组合、围巾等配饰的搭配，冬季的穿搭蕴藏着无限的可能。

由于冬天多层次的穿搭，大部分肌肤都被遮住了，为了避免整体造型显得过于沉重，要注意均衡各类单品搭配的比例。

如果使用白色、米色这类明亮的颜色作为搭配的主色调，则可以营造较为轻盈的风格。正是因为大家通常在冬天里都会选择深色的衣服，才要多多尝试这种亮丽轻盈的风格。此外，如果拥有的冬季外套数量有限，可以选择利用手套、帽子等防寒的配饰来为整体搭配增添变化。

说起冬季穿搭的主角，绝对非外套莫属。羽绒服、毛呢大衣、毛皮大衣等单品，都是极受欢迎又可以防寒保暖的外套，冬天就是可以让我们好好享受外套穿搭的季节呀。虽然可能会被忽略，但选择粗针高领毛衣、羊毛针织衫等单品作为内搭，即使脱掉外套，造型也可以很好看！

Winter

基础色系的外套虽然也很好看，但如果觉得过于普通的话可以选择尝试红色或蓝色的外套，感觉很新鲜同时也具有时尚感 👜

像袜子这样看不到的地方，也不能偷懒哦 ♥

具有分量感的粗针
高领毛衣有着修饰
脸型的效果♡

利用温暖又
柔软的针织
帽来防寒!

Sweater

袜子和浅口
单鞋的组合
是我冬天的
经典搭配◇
+

裙子和裤袜的
搭配,保暖又
好看。

能够修饰脸型的粗针高领毛衣

**TURTLENECK
SWEATER**

CHECK

用具有分量感的粗针高领毛衣遮住下巴，只露出半张脸，感觉好可爱 🖤

能够修饰身体线条的高领毛衣建议与紧身裙这类贴身的下装搭配，可以更好地均衡整体比例。选择黑色裤袜 × 短靴的组合，在散发时尚感的同时也能保暖。

粗针高领毛衣×紧身裤的组合是我永远的爱 💜

TURTLENECK SWEATER

CHECK

SKINNY JEANS

　　酒红色是很适合在冬天穿的颜色，推荐搭配浅色的水洗牛仔裤。包包则可以选择比较具有女人味的款式，搭配休闲帆布鞋，整体造型看起来利落又大方。

24 | 利用裤袜实现高级配色，
提升穿搭品位

COLOR TIGHTS

在天气突然转冷时，推荐选择螺纹或是麻花编织纹理的裤袜，享受冬季才能有的时尚感。这样看来反而是在冬天的时候，裙子的出场机会更多呢☃

CHECK

格纹款短裙搭配同色系的编织纹裤袜。当上衣和下装都是亮色系时，选择灰色或是墨绿色的裤袜可以很好地展现优雅的气质。

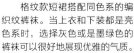

冬天一不注意就会穿得一
身黑，这时彩色裤袜就可
以给搭配带来亮点♪

如果是选择色
彩鲜艳的裤袜，
其他单品就应
尽量简单♥

CHECK

Burgundy

如果裤袜是从长
裙里隐约露出的
话，可以选择大
胆一些的颜色 ✌

　　想要穿出潇洒又高级的配色，彩
色裤袜是必不可少的单品。上衣、下
装、裤袜，根据不同颜色分配的比例
给人的印象也会大不相同，在挑选颜
色时也要注意比例的均衡哦。

25 | 修饰身材的长款大衣是冬日里
最可靠的单品

内搭上衣和下装选择同一色系，既可以拉长纵向线条，也可以为造型加分

长款大衣可以纵向拉伸身体线条、遮住臀部，是冬日的必备单品。如果在浅灰色无领大衣内搭配深色系的纯色单品的话，可以使造型的线条看起来更加利落。

CHECK

长款的牛角扣
大衣也很可爱

搭配眼镜、条纹
衬衫、格纹配饰
等单品，为造型
增添一些复古风

长款大衣能完
全覆盖臀部

好暖和 ♡

乍看之下有些朴素的长款外
套，如果在内搭上花些心思，在
领口处隐约露出条纹衬衫，就会
散发出复古风。将裤脚卷起营造
休闲感，搭配高跟鞋则可以提升
女性魅力。

26 | 优先考虑廓型，
羽绒服也可以优雅有品位

DOWN JACKET

CHECK

基础款

羽绒服可以说是冬日里最实用的外套。多花一些钱投资一件好的羽绒服，很久也不会穿腻，能够成为很长一段时间的冬季爱用单品。

浅色系羽绒服搭配的关键就是选择深色系的内搭进行对比，这样才可以避免臃肿感，才能显瘦。虽然羽绒服总是膨膨的、很有分量感，但只要搭配有纤细感的鞋子、配饰等，也会很有女人味。

穿上色彩鲜艳的
羽绒外套，心情
也会变得明朗起
来，一点都不觉
得冷了♪

无领款或是绗
缝款的羽绒服
也很有特色✌

CHECK

甩开臃肿感的薄款羽绒
服，轻盈又好搭。和西装裤、
牛仔裤、裙子搭配都很合适。

27 | 大人的可爱防寒用品，简约搭配也可以华丽

GLOVES

CHECK

装饰有钉珠，好可爱

在寒冷的冬日里，带上喜欢的手套来愉悦心情吧！
如果是有触屏功能的手套就更方便啦

毛皮、皮扣、花纹、闪闪发光的宝石、优质的皮革……各种各样的元素，只要戴在手上就能使心情愉悦的手套。多准备几种不同的款式，是可以作为穿搭亮点的。

CHECK

KNIT CAP

同款针织帽子
和手套
cute

觉得造型太过简单朴素，好像缺
了些什么……这时候，带上针织帽就
可以平衡整体造型。手工编织风的粗
针针织帽等有细节的单品为搭配带来
的变化最是引人注目。

28 | 各种造型都百搭的帅气短靴

SHORT BOOTS

设计简约的短靴，无论哪一种造型都能轻松驾驭

选择基础色的短靴，绝对百搭

CHECK

好的短靴无论是搭配短款、长款、拖地款等各式各样的下装，都能很合适，可以展现美丽的腿部线条。如果选择尖头短靴，就能更加拉长腿部比例，呈现大长腿的效果。

Lace-up Boots

穿上有些硬朗
的马丁靴，营
造休闲感 ↓

CHECK

硬朗感十足的毛领军装大衣搭
配厚底马丁靴，整体造型的平衡感
极佳。如果选择同样黑色的裤子，
黑色马丁靴的帅气就会加倍！

29 | 冬日街头优雅又耀眼的浅色系穿搭

LIGHT COLOR

白色粗针毛衣和
休闲长裤的组合
是我在冬日里的
经典搭配。
超喜欢

CHECK

打造优秀全白色搭配的秘诀就是，利用不同面料的白色单品，巧妙搭配出不同的感觉。在毛衣、休闲裤等白色系单品的选择上，要注意选择优雅又和谐的色调。

一直想要一件白色的牛角扣毛呢大衣。还想要不用担心弄脏地一直穿它!

正是因为在冬天，才要利用浅色系的穿搭给人眼前一亮的感觉。

眼前一亮!

CHECK

全身都是浅色系的单品可能会让人担心膨胀感。不过没关系，只要依靠配饰或鞋子为搭配带来一点黑色，就能有收缩的效果。当内搭是浅色系时，外套选择其他颜色也是很可爱的。

Saeko's

快速搭配法则

能够轻松驾驭的简单穿搭。

Saeko's Sketch Rule ╱ # 01

想象想要呈现的风格

首先想象一下自己想要描绘出什么样的风格，比如帅气的、优雅的、中性风的、女人味的等，接着再来挑选单品并完成整体造型。有的时候，也可以根据当天的天气情况或者是很想穿的某一件单品来决定整个穿搭，也会挑战平日里不会尝试的搭配风格。

Saeko's Sketch Rule ╱ # 02

将基础款和流行款混搭起来

举个例子，如果是想选择诸如马夹或者宽松七分裤这类较为流行的单品，与之搭配的服装就要选择牛仔裤或者衬衫这类基础款的单品。搭配的重点在于，乍看之下简约的搭配却又隐约有着独特感。上衣和下装的分别混搭流行款与基础款，就能够搭配出好看的穿搭。

混搭基础款和流行款。

这个是混合果汁

03

主色调在三种
以内，让搭配
清爽起来。

主色调不要超过三种

　　搭配的原则就是主色调要保持在三种色彩以内，诸如"白色 × 米色 × 海蓝色"或者是"卡其色 × 黑色 × 白色"等。一定要注意，如果一个搭配的每件单品都颜色不同的话，会给人一种乱糟糟的感觉。另一方面，如果整体造型的配色都是同一色系，也可以较轻松地搭配流行配饰或反差色单品。

04

也要把发型
作为穿搭的
一部分考虑。

发型也要有自然感

　　梳得蓬松有空气感、自然又随意的头发，像这样随性不做作的发型能够为整体的搭配带来自然轻松感。散落的头发和飘动的发梢呈现出的灵动感，无论和怎样的服装都很搭。短发、波波头这类干净利落的发型，会给人以成熟又清爽的感觉。

05

整体的平
衡感也
很重要。

用小配饰锦上添花

　　在进行基础款和简单搭配的时候，配饰是十分重要的，在配饰的选择上要注意流行趋势和季节感。同时，也可以通过配饰尝试使用大胆的图案和鲜艳的配色。推荐使用紧跟潮流趋势的快时尚品牌。

摇摇晃晃～

Saeko's
Q&A

Q1 请问平时经常使用的文具有哪些?

A1 我的底稿是用自动铅笔画的,描绘线稿的绘图笔是 FOR DRAWING 003(MARVY),上色使用的是 COPIC Ciao(Too Marker Products)的马克笔。绘图纸的话我试过很多种,不过考虑到不渗色和易于保存,我还是最喜欢用百元店的活页本!

Q2 绘图的时候,有什么参考物吗?

A2 我会参考品牌店里的造型、时尚杂志和街拍等。虽然我现在画了很多时尚穿搭插画,但实际上我并没有专门学过画画,而是自学的。虽然没有受过专业的培训,但我从小就喜欢画画,一旦决定了主题,我就会默默地一直画下去。

Q3 请问参考的网站和杂志都有哪些呢?

A3 网站的话,我喜欢参考时尚网店 ZOZOTOWN 的穿搭页,还有时尚穿搭 WEAR。杂志的话,我比较喜欢《LEE》和《Marisol》(均为日本集英社发行)。

Q4 让你觉得对方很漂亮的关键点是什么?

A4 我个人比较喜欢休闲风,所以我比较欣赏"正式又带有一些休闲感"的穿搭,或是散发着休闲气质的女性。还有就是,当我看到令人意想不到的创意或是将"趣味"低调地融入搭配的时候,就像在穿搭中使用装饰有毛球的鞋子、包包上装饰有点丑却又很可爱的卡通人物时,我就没办法挪开自己的眼睛了!

Q5 书中出现的单品也是自己实际拥有的吗?

A5 当然有些是自己已经拥有的单品啦,但是大部分都还是我觉得"好可爱、好想要"从而深深留在我脑海中的单品,或者是被我列入想要画它名单中的单品。利用平价的单品画出不带品牌感的搭配,这就是我的目标了。

Q6 会在什么时候去购物呢?

A6 在觉得身上穿的衣服"好像有点旧"的时候,我就会想要买一件新的替换,这时就会上街购物。还有就是和朋友约好逛街、换季等时候,也会让我想要买很多东西。在我不知道买什么的时候,我就会去 UNITED ARROWS、IENA 这些精品店来激发自己的时尚敏锐度!

Q7 想知道在Instagram里你最喜欢的插画有哪些？

A7 下面我来介绍我最喜欢的BEST 10！

♡10,483个赞！

№2

这张图我最喜欢紧身无袖上衣和荷叶裙的搭配，蓝色色调也是我很喜欢的。

♡12,079个赞！

♡9,686个赞！

№3

虽然是基础款，但是可以通过剪裁和长度的变化来感受流行，是经典的造型搭配。另外，迷彩花纹也是一大亮点。

№1

谁都能轻松驾驭的简约穿搭。绑的松松的马尾是我的最爱。这张图获得的赞也很多，所以我印象很深刻。

♡9,703个赞！

№4

虽然是平平无奇的衬衫连衣裙，但是模特的表情和充满空气感的发型让我觉得非常喜欢。

№ 5

这是当下流行的蕾丝衬衫的搭配。很多人都评论说可以作为穿搭的参考，让我印象很深刻。

№ 8

搭配虽然很简单，但受到了大家的喜爱。或许是因为丸子头是大家都很憧憬的造型吧。

№ 6

军绿色连帽衫和白裙子的搭配十分合适！CONVERSE 的帆布鞋也画出了不错的感觉（笑）。

№ 9

牛仔和藏青色单品的组合，在现实生活中我也经常这么穿，是熟悉的风格！

№ 7

耀眼的红色巴黎风格。我最喜欢模特纤细的身材和侧脸的慵懒感。

№ 10

带眼镜的女孩表情很到位。外套和裙子画的是我实际穿着的单品。

后 记

　　我是在三年前开始经营Instagram的。很久没见的朋友对我说："你画画很好看呀，要是能画点什么就好了！"这句不经意的话就是我开始的契机。从那天起，我开始有意识地画画，体会自己喜欢的穿搭风格，画出时尚的插画。现在Instagram上有很多人关注我，这也让我有机会出版这样的一本书。衷心感谢一直以来在Instagram支持我的粉丝以及购买本书的读者，谢谢大家。

　　时尚是生活的一部分。每天我们都会重复穿衣服这个"行为"，所以如果可以尽可能地让这个"行为"变得愉快的话，生活一定会变得更加多姿多彩。购买新的衣服、在搭配上花些心思、对平时常穿的衣服进行新的搭配、精心搭配和重要的人一起度过时光的服装……时尚带给我们很多乐趣，因此我想每个人都会有经过"好，穿什么衣服去呢？"的穿搭思考，然后充满干劲地度过愉快的一天的经历吧。

如果这本书能够让你发现适合自己的穿搭，成为让你觉得时尚变得有趣了的契机，那真是没有比这更开心的事了。今后我也想继续描绘让人开心的时尚插画！

Awano Saeko

LOGUE